住房和城乡建设部标准定额研究所　　建设工程造价技术资料

市政工程消耗量

ZYA 1-31-2021

第一册　土石方工程

SHIZHENG GONGCHENG XIAOHAOLIANG
DI-YI CE TUSHIFANG GONGCHENG

中国计划出版社
北　京

图书在版编目（CIP）数据

市政工程消耗量 : ZYA1-31-2021. 第一册，土石方工程 / 住房和城乡建设部标准定额研究所组织编制. -- 北京 : 中国计划出版社，2022.2
ISBN 978-7-5182-1385-6

Ⅰ. ①市… Ⅱ. ①住… Ⅲ. ①市政工程－消耗定额－中国②土方工程－消耗定额－中国③石方工程－消耗定额－中国 Ⅳ. ①TU723.34

中国版本图书馆CIP数据核字(2021)第248509号

责任编辑：张　颖　　　封面设计：韩可斌
责任校对：杨奇志　谭佳艺　　　责任印制：赵文斌　李　晨

中国计划出版社出版发行
网址：www.jhpress.com
地址：北京市西城区木樨地北里甲11号国宏大厦C座3层
邮政编码：100038　电话：(010)63906433(发行部)
北京市科星印刷有限责任公司印刷

880mm×1230mm　1/16　4.5印张　131千字
2022年2月第1版　2022年2月第1次印刷

定价：30.00元

总 说 明

一、《市政工程消耗量》(以下简称本消耗量),共分十一册,包括:

第一册　土石方工程

第二册　道路工程

第三册　桥涵工程

第四册　隧道工程

第五册　市政管网工程

第六册　水处理工程

第七册　生活垃圾处理工程

第八册　路灯工程

第九册　钢筋工程

第十册　拆除工程

第十一册　措施项目

二、本消耗量适用于城镇范围内的新建、扩建和改建市政工程。

三、本消耗量以国家和有关部门发布的国家现行设计规范、施工验收规范、技术操作规程、质量评定标准、产品标准和安全操作规程,现行工程量清单计价规范、计算规范和有关指标为依据编制,并参考了有关地区和行业标准、指标,以及典型工程设计、施工和其他资料。

四、本消耗量按正常施工工期和施工条件,考虑企业常规的施工工艺,合理的施工组织设计进行编制。

1. 设备、材料、成品、半成品、构配件完整无损,符合质量标准和设计要求,附有合格证书和试验记录。

2. 正常的气候、地理条件和施工环境。

五、本消耗量未包括的项目,可按其他相应工程消耗量计算,如仍有缺项的,应编制补充消耗量。

六、关于人工:

1. 本消耗量中的人工以合计工日表示,并分别列出普工、一般技工和高级技工的工日用量。

2. 本消耗量中的人工包括基本用工、超运距用工、辅助用工和人工幅度差。

3. 本消耗量中的人工每工日按 8 小时工作制计算。

4. 机械土石方、桩基础、构件运输及安装等工程,人工随机械产量计算的,人工幅度差按机械幅度差计算。

七、关于材料:

1. 本消耗量中的材料(包括构配件、零件、半成品、成品)均为符合国家质量标准和相应设计要求的合格产品。

2. 本消耗量中的材料包括施工中消耗的主要材料、辅助材料、周转材料和其他材料。

3. 本消耗量中的材料用量包括净用量和损耗量。损耗量包括:从工地仓库、现场集中堆放地点(或现场加工地点)至操作(或安装)地点的施工场内运输损耗、施工操作损耗、施工现场堆放损耗等,规范(设计文件)规定的预留量、搭接量不在损耗率中考虑。

4. 本消耗量中的混凝土、沥青混凝土、砌筑砂浆、抹灰砂浆及各种胶泥等均按半成品用量以体积(m^3)表示,混凝土按运至施工现场的预拌混凝土编制,砂浆按预拌砂浆编制,消耗量中的混凝土均按自然养护考虑。

5. 本消耗量中所使用的混凝土均按预拌混凝土编制,若实际采用现场搅拌混凝土浇捣时,人工、材料、机械具体调整如下:

(1)合计工日增加 4.125 工日 /$10m^3$,其中普工增加 1.237 工日 /$10m^3$,一般技工增加 2.888 工日 /$10m^3$。

（2）水增加 0.38m^3/10m^3。

（3）双锥反转出料混凝土搅拌机（500L）增加 0.3 台班 /10m^3。

6. 本消耗量中所使用的砂浆均按干混预拌砂浆编制，若实际使用现拌砂浆或湿拌预拌砂浆时，按以下方法调整：

（1）使用现拌砂浆的，除将干混预拌砂浆调换为现拌砂浆外，砌筑项目按每立方米砂浆增加：一般技工 0.382 工日、200L 灰浆搅拌机 0.167 台班，同时，扣除原干混砂浆罐式搅拌机台班；其余项目按每立方米砂浆增加一般技工 0.382 工日，同时，将原干混砂浆罐式搅拌机调换为 200L 灰浆搅拌机，台班含量不变。

（2）使用湿拌预拌砂浆的，除将干混预拌砂浆调换为湿拌预拌砂浆外，另按相应项目中每立方米砂浆扣除人工 0.20 工日，并扣除干混砂浆罐式搅拌机台班数量。

7. 本消耗量中的周转性材料按不同施工方法，不同类别、材质，计算出一次摊销量进入消耗量。

8. 本消耗量中的用量少、低值易耗的零星材料，列为其他材料。

八、关于机械：

1. 本消耗量中的机械按常用机械、合理机械配备和施工企业的机械化装备程度，并结合工程实际综合确定。

2. 本消耗量的机械台班用量是按正常机械施工工效并考虑机械幅度差综合取定的。

3. 凡单位价值 2 000 元以内、使用年限在一年以内的不构成固定资产的施工机械，不列入机械台班消耗量，作为工具用具在建筑安装工程费中的企业管理费考虑，其消耗的燃料动力等列入材料。

九、本消耗量中的工作内容已说明了主要的施工工序，次要工序虽未说明，但已包括在内。

十、施工与生产同时进行、在有害身体健康的环境中施工时的降效增加费，本消耗量未考虑，发生时另行计算。

十一、本消耗量适用于海拔 2 000m 以下地区，超过上述情况时，可以采用由各地区、部门结合高原地区的特殊情况自行制定的调整办法。

十二、本消耗量中注有“× × 以内”或“× × 以下”及“小于”者，均包括 × × 本身；注有“× × 以外”或“× × 以上”及“大于”者，则不包括 × × 本身。

说明中未注明（或省略）尺寸单位的宽度、厚度、断面等，均以“mm”为单位。

十三、凡本说明未尽事宜，详见各册、各章说明和附录。

前　言

工程造价是工程建设管理的重要内容。以人工、材料、机械消耗量分析为基础进行工程计价，是确定和控制工程造价的重要手段之一，也是基于成本的通用计价方法。长期以来，我国建立了以施工阶段为重点，涵盖房屋建筑、市政工程、轨道交通工程等各个专业的计价体系，为确定和控制工程造价、提高我国工程建设的投资效益发挥了重要作用。

随着我国工程建设技术的发展，新的工程技术、工艺、材料和设备不断涌现和应用，落后的工艺、材料、设备和施工组织方式不断被淘汰，工程建设中的人材机消耗量也随之发生变化。2020 年我部办公厅发布《工程造价改革工作方案》（建办标〔2020〕38 号），要求加快转变政府职能，优化概算定额、估算指标编制发布和动态管理，取消最高投标限价按定额计价的规定，逐步停止发布预算定额。为做好改革期间的过渡衔接，在住房和城乡建设部标准定额司的指导下，我所根据工程造价改革的精神，协调 2015 年版《房屋建筑与装饰工程消耗量定额》《市政工程消耗量定额》《通用安装工程消耗量定额》的部分主编单位、参编单位以及全国有关造价管理机构和专家，按照简明适用、动态调整的原则，对上述专业的消耗量定额进行了修订，形成了新的《房屋建筑与装饰工程消耗量》《市政工程消耗量》《通用安装工程消耗量》，由我所以技术资料形式印刷出版，供社会参考使用。

本次经过修订的各专业消耗量，是完成一定计量单位的分部分项工程人工、材料和机械用量，是一段时间内工程建设生产效率社会平均水平的反映。因每个工程项目情况不同，其设计方案、施工队伍、实际的市场信息、招投标竞争程度等内外条件各不相同，工程造价应当在本地区、企业实际人材机消耗量和市场价格的基础上，结合竞争规则、竞争激烈程度等参考选用与合理调整，不应机械地套用。使用本书消耗量造成的任何造价偏差由当事人自行负责。

本次修订中，各主编单位、参编单位、编制人员和审查人员付出了大量心血，在此一并表示感谢。由于水平所限，本书难免有所疏漏，执行中遇到的问题和反馈意见请及时联系主编单位。

住房和城乡建设部标准定额研究所

2021 年 11 月

册　说　明

一、第一册《土石方工程》(以下简称本册),包括土方工程、石方工程、盖挖土石方工程,共三章。

二、本册适用于《市政工程消耗量》其他专业册(专业册中指明不适用的除外)。

三、本册编制依据:

1.《市政工程工程量计算规范》GB 50857—2013;

2.《市政工程消耗量定额》ZYA 1-31-2015;

3.《房屋建筑与装饰消耗量定额》TY 01-31-2015;

4.《建设工程劳动定额　建筑工程　人工土石方工程》LD/T 72.2—2008;

5. 国家法律、法规,国家标准规范;

6. 有代表性的工程设计施工资料,现行设计规范、施工验收规范操作规程及标准图集;

7. 国家及各省、市有关的计价依据、补充定额及有关资料。

四、沟槽、基坑、平整场地和一般土石方的划分:底宽 7m 以内,且底长大于底宽 3 倍以上按沟槽计算;底长小于底宽 3 倍以内且基坑底面积在 150m^2 以内按基坑计算;厚度在 30cm 以内就地挖填土按平整场地计算;超过上述范围的土石方按一般土方和一般石方计算。

五、土石方运距应以挖方重心至填方重心或弃方重心最近距离计算,挖方重心、填方重心、弃方重心按施工组织设计确定。如遇下列情况应增加运距:

1. 人力及人力车运土、石方上坡坡度在 15% 以上,推土机,铲运机重车上坡坡度大于 5%,斜道运距按斜道长度乘以下表系数。

斜道运距系数表

项目	推土机、铲运机			人力及人力车
坡度(%)	5 ~ 10	15 以内	25 以内	15 以上
系数	1.75	2.00	2.50	5.00

2. 采用人力垂直运输土、石方、淤泥、流沙,垂直深度每米折合水平运距 7m 计算。

3. 拖式铲运机 3m^3 加 27m 转向距离,其余型号铲运机加 45m 转向距离。

六、坑、槽底加宽应按设计文件的数据或图纸尺寸计算,设计文件未明确的按施工组织设计的数据或图纸尺寸计算,设计文件未明确也无施工组织设计的可按下表计算。

坑、槽底部每侧工作面宽度表(mm)

管道结构宽度	混凝土管道		金属管道	构筑物	
	基础 90°	基础 >90°		无防潮层	有防潮层
500 以内	400	400	300	400	600
1 000 以内	500	500	400		
2 500 以内	600	500	400		
2 500 以上	700	600	500		

管道结构宽度：无管座按管道外径计算，有管座按管道基础外缘计算，构筑物按基础外缘计算，如设挡土板则每侧增加 15cm。

七、管道接口作业坑和沿线各种井室所需增加开挖的土石方工程量按有关规定如实计算。管沟回填土应扣除管道、基础、垫层和各种构筑物所占的体积。

八、机械填砂、石碾压或夯实，执行机械填土碾压或夯实相应项目，人工和机械乘以系数 1.20。

九、外购土、石方回填，执行相应项目，按施工前修筑试验段所确定的施工参数，增加土、石方的材料消耗量。

十、本册自卸汽车运输土石方项目仅适用于运距 30km 以内的运输。当运距超过 30km 时，按各地相关规定执行。

十一、本册未包括软土处理项目，发生时执行第二册《道路工程》相应项目。

十二、本册未包括淤泥、流沙运输项目，发生时执行第三册《桥涵工程》相应项目。

十三、本册中的大型机械是按全国统一施工机械台班费用定额中机械的种类、型号功率等分别考虑的，在执行中应根据企业的机械既有情况及施工组织设计方案的配备情况执行相应定额。

十四、本册项目表中的施工机械是按合理的机械进行配备，在执行中不得因机械型号不同而调整。

十五、本册项目中未包括现场障碍物清理及建筑垃圾运输，障碍物清理及建筑垃圾运输费用另行计算。障碍物清理、建筑垃圾运输及弃土、石方的场地占用的费用按各省、市有关规定处理。

十六、本册项目中为满足环保要求而配备了洒水汽车在施工现场降尘，若实际施工中未采用洒水汽车降尘的或各省、市在环境保护费中综合考虑洒水汽车现场降尘费用的，应扣除洒水汽车和水的费用。

十七、凡本册说明未尽事宜，详见各章说明。

目　录

第一章　土 方 工 程

说明 ……………………………………………………………（3）
工程量计算规则 ………………………………………………（4）
一、人工挖一般土方…………………………………………（5）
二、人工挖沟、槽土方 ………………………………………（6）
三、人工挖基坑土方…………………………………………（8）
四、人工清理土堤基础 ………………………………………（9）
五、人工挖土堤台阶…………………………………………（10）
六、人工运土方 ………………………………………………（11）
七、人工挖运淤泥、流沙 ……………………………………（12）
八、人工平整场地、填土夯实、原土夯实 ……………………（14）
九、推土机推土 ………………………………………………（15）
十、铲运机铲运土方…………………………………………（20）
十一、反铲挖掘机挖土 ………………………………………（28）
十二、反铲挖掘机挖沟槽、基坑土方 …………………………（30）
十三、拉铲挖掘机挖土 ………………………………………（31）
十四、长臂挖掘机挖土 ………………………………………（32）
十五、抓铲挖掘机挖土、淤泥、流沙…………………………（33）
十六、反铲挖掘机挖淤泥、流沙 ………………………………（36）
十七、装载机装松散土 ………………………………………（37）
十八、装载机装运土方 ………………………………………（37）
十九、自卸汽车运土方 ………………………………………（38）
二十、机械平整场地、填土碾压或夯实、
原土碾压或夯实 ……………………………………（39）
二十一、大型支撑基坑土方 …………………………………（41）

第二章　石 方 工 程

说明 ……………………………………………………………（45）
工程量计算规则 ………………………………………………（46）
一、人工凿石 …………………………………………………（47）
1. 人工凿平基（一般石方） ………………………………（47）
2. 人工凿沟槽………………………………………………（47）
3. 人工凿基坑………………………………………………（48）
二、切割机切割石方…………………………………………（48）
三、液压岩石破碎锤破碎岩石 ………………………………（49）
四、明挖石碴运输……………………………………………（50）
五、推土机推石碴……………………………………………（51）
六、反铲挖掘机挖石碴 ………………………………………（53）
七、自卸汽车运石碴…………………………………………（54）

第三章　盖挖土石方工程

说明 ……………………………………………………………（57）
工程量计算规则 ………………………………………………（58）
一、人工开挖土方……………………………………………（59）
二、机械开挖土方……………………………………………（59）
三、人工开挖石方……………………………………………（60）
四、液压岩石破碎锤破碎岩石 ………………………………（60）

第一章　土 方 工 程

说　　明

一、本章包括人工挖一般土方、沟槽土方，基坑土方淤泥流沙，推土机推土，铲运机铲运土方，反铲挖掘机挖土，自卸汽车运土，填土碾压或夯实等项目。

二、土壤分类详见土壤分类表。

土壤分类表

土壤分类	土壤名称	开挖方法
一、二类土	粉土、砂土（粉砂、细砂、中砂、粗砂、砾砂），粉质黏土、弱中盐渍土、软土（淤泥质土、泥炭、泥炭质土），软塑红黏土、冲填土	用锹、少许用镐、条锄开挖。机械能全部直接铲挖满载者
三类土	黏土、碎石土（圆砾、角砾）、混合土、可塑红黏土、硬塑红黏土、强盐渍土、素填土、压实填土	主要用镐、条锄，少许用锹开挖。机械需部分刨松方能铲挖满载者或可直接铲挖但不能满载者
四类土	碎石土（卵石、碎石、漂石、块石），坚硬红黏土、超盐渍土、杂填土	全部用镐、条锄挖掘，少许用撬棍挖掘。机械需普遍刨松方能铲挖满载者

注：本表土的名称及其含义按现行国家标准《岩土工程勘察规范》GB 50021—2001（2009年版）定义。

三、干土、湿土、淤泥的划分：首先以地质勘察资料为准，含水率大于或等于25%不超过液限的为湿土；或以地下常水位为准，常水位以上为干土，以下为湿土；含水率超过液限的为淤泥。除大型支撑基坑土方开挖定额项目外，挖湿土时，人工和机械挖土项目乘以系数1.18，干湿土工程量分别计算。采用井点降水的土方应按干土计算。

四、人工挖沟、槽土方，一侧弃土时，乘以系数1.18，但随挖随运不乘系数。

五、人工夯实土堤、机械夯实土堤执行本章人工填土夯实平地、机械填土夯实平地项目。

六、人工运土方，如采用手扶拖拉机运土按翻斗车定额执行。

七、挖土机在垫板上作业，人工和机械乘以系数1.25，搭拆垫板的费用另行计算。

八、反铲挖掘机挖淤泥、流沙，消耗量不包括挖掘机的场内支垫费用，如发生按实际计算；另如需排水时，排水费用另外计算。

九、推土机推土或铲运机铲土的平均土层厚度小于30cm时推土机台班乘以系数1.25，铲运机台班乘以系数1.17。

十、除大型支撑基坑土方开挖定额项目外，在支撑下挖土，按实挖体积，人工挖土项目乘以系数1.43、机械挖土项目人工和机械乘以系数1.20。先开挖后支撑的不属于支撑下挖土。

十一、挖密实的钢碴或碎石、砾石含量在50%以上的密实性土壤，按挖四类土，人工乘以系数2.50、机械乘以系数1.50；挖碎、砾石含量在30%以上的密实性土壤按挖四类土人工、机械乘以系数1.43。

十二、三、四类土壤的土方二次翻挖按降低一级类别套用相应定额。淤泥翻挖，执行相应挖淤泥项目。

十三、大型支撑基坑土方开挖定额适用于地下连续墙、混凝土板桩、钢板桩等围护的跨度大于8m的深基坑开挖。消耗量中已包括湿土排水，若需采用井点降水，其费用另行计算。

十四、大型支撑基坑土方开挖由于场地狭小只能单面施工时，挖土机械按下表调整。

大型支撑基坑土方开挖机械调整表

宽度	两边停机施工（t）	单边停机施工（t）
基坑宽15m内	15	25
基坑宽15m外	25	40

工程量计算规则

一、土方的挖、推、铲、装、运等体积均以天然密实体积计算，填方按设计的回填体积计算。不同状态的土方体积，按土方体积换算表相关系数换算。

土方体积换算系数表

虚方体积	天然密实体积	压实后体积	松填体积
1.00	0.77	0.67	0.83
1.30	1.00	0.87	1.08
1.50	1.15	1.00	1.25
1.20	0.92	0.80	1.00

二、土方工程量按图纸尺寸计算。修建机械上、下坡便道的土方量以及为保证路基边缘的压实度而设计的加宽填筑土方量并入土方工程量内。

三、夯实土堤按设计面积计算。清理土堤基础按设计规定以水平投影面积计算。

四、人工挖土堤台阶工程量，按挖前的堤坡斜面积计算，运土应另行计算。

五、挖土放坡应按设计文件的数据或图纸尺寸计算，设计文件未明确的按施工组织设计的数据或图纸尺寸计算，设计文件未明确也无施工组织设计的可按下表计算。

放坡系数表

土壤类别	放坡起点深度（m）	人工开挖	机械开挖		
			沟槽、坑内作业	沟槽、坑边作业	顺沟槽方向坑上作业
一、二类土	1.20	1 : 0.50	1 : 0.33	1 : 0.75	1 : 0.50
三类土	1.50	1 : 0.33	1 : 0.25	1 : 0.67	1 : 0.33
四类土	2.00	1 : 0.25	1 : 0.10	1 : 0.33	1 : 0.25

计算放坡时，在交接处的重复工程量不予扣除。基础土方放坡，自基础（含垫层）底标高算起；如在同一断面内遇有数类土壤，其放坡系数可按各类土厚度占全部深度的百分比加权计算。

六、除大型支撑基坑土方开挖定额项目外，机械挖土方中如需人工辅助开挖（包括切边、修整底边和修整沟槽底坡度），机械挖土、人工挖土工程量及执行定额项目，按各省、市相关规定执行。

七、平整场地工程量按施工组织设计尺寸以面积计算。

八、大型支撑基坑土方开挖工程量按设计图示尺寸以体积计算。

九、挖淤泥、流沙按设计图示位置、界限以体积计算。

一、人工挖一般土方

工作内容：挖土、装土或抛土、修整底边、边坡等。　　**计量单位：**100m³

编　号			1-1-1	1-1-2
项　目			一、二类土（深度 m 以内）	
			2	4
名　称		单位	消　耗　量	
人工	合计工日	工日	20.192	25.045
	普工	工日	20.192	25.045

工作内容：挖土、装土或抛土、修整底边、边坡等。　　**计量单位：**100m³

编　号			1-1-3	1-1-4
项　目			三类土（深度 m 以内）	
			2	4
名　称		单位	消　耗　量	
人工	合计工日	工日	32.678	37.309
	普工	工日	32.678	37.309

工作内容：挖土、装土或抛土、修整底边、边坡等。 计量单位：100m³

编号			1-1-5	1-1-6
项目			四类土（深度 m 以内）	
			2	4
名称		单位	消耗量	
人工	合计工日	工日	47.813	52.334
	普工	工日	47.813	52.334

二、人工挖沟、槽土方

工作内容：挖土、抛土或装土运输、将土堆放于沟、槽边 1m 以外，修整底边、边坡。 计量单位：100m³

编号			1-1-7	1-1-8
项目			一、二类土（深度 m 以内）	
			2	4
名称		单位	消耗量	
人工	合计工日	工日	29.704	37.096
	普工	工日	29.704	37.096

工作内容：挖土、抛土或装土运输、将土堆放于沟、槽边 1m 以外，修整底边、边坡。　**计量单位：**$100m^3$

编　号			1-1-9	1-1-10
项　目			三类土（深度 m 以内）	
			2	4
名　称		单位	消　耗　量	
人工	合计工日	工日	50.229	57.625
	普工	工日	50.229	57.625

工作内容：挖土、抛土或装土运输、将土堆放于沟、槽边 1m 以外，修整底边、边坡。　**计量单位：**$100m^3$

编　号			1-1-11	1-1-12
项　目			四类土（深度 m 以内）	
			2	4
名　称		单位	消　耗　量	
人工	合计工日	工日	75.151	82.542
	普工	工日	75.151	82.542

三、人工挖基坑土方

工作内容：挖土、抛土或装土运输、将土堆放于坑边1m以外，修整底边、边坡。 **计量单位：**100m³

编号			1-1-13	1-1-14
项目			一、二类土（深度 m 以内）	
			2	4
名称		单位	消耗量	
人工	合计工日	工日	32.991	40.638
	普工	工日	32.991	40.638

工作内容：挖土、抛土或装土运输、将土堆放于坑边1m以外，修整底边、边坡。 **计量单位：**100m³

编号			1-1-15	1-1-16
项目			三类土（深度 m 以内）	
			2	4
名称		单位	消耗量	
人工	合计工日	工日	56.132	63.776
	普工	工日	56.132	63.776

工作内容: 挖土、抛土或装土运输、将土堆放于坑边 1m 以外,修整底边、边坡。　　**计量单位:** $100m^3$

编　号			1-1-17	1-1-18
项　目			四类土(深度 m 以内)	
			2	4
名　称		单位	消　耗　量	
人工	合计工日	工日	84.205	91.849
	普工	工日	84.205	91.849

四、人工清理土堤基础

工作内容: 挖除、检修土堤面废土层,清理场地,废土 30m 内运输。　　**计量单位:** $100m^2$

编　号			1-1-19	1-1-20	1-1-21
项　目			清理土堤基础		
			厚度(mm 以内)		
			100	200	300
名　称		单位	消　耗　量		
人工	合计工日	工日	2.940	5.460	8.190
	普工	工日	2.940	5.460	8.190

五、人工挖土堤台阶

工作内容：划线、挖土将刨松土方抛至下方。　　　　**计量单位：**100m²

编　号			1-1-22	1-1-23	1-1-24
项　目			坡度 1∶3.3 以下		
			一、二类土	三类土	四类土
名　称		单位	消　耗　量		
人工	合计工日	工日	1.470	2.625	4.200
	普工	工日	1.470	2.625	4.200

工作内容：划线、挖土将刨松土方抛至下方。　　　　**计量单位：**100m²

编　号			1-1-25	1-1-26	1-1-27
项　目			坡度 1∶3.3~1∶2		
			一、二类土	三类土	四类土
名　称		单位	消　耗　量		
人工	合计工日	工日	3.150	5.460	8.610
	普工	工日	3.150	5.460	8.610

工作内容：划线、挖土将刨松土方抛至下方。　　**计量单位：**100m²

编　　号			1-1-28	1-1-29	1-1-30
项　　目			坡度 1∶2 以上		
			一、二类土	三类土	四类土
名　　称		单位	消　耗　量		
人工	合计工日	工日	4.830	8.085	13.020
	普工	工日	4.830	8.085	13.020

六、人工运土方

工作内容：装土，运土，卸土，空回，清理道路，铺、拆走道板。　　**计量单位：**100m³

编　　号			1-1-31	1-1-32	1-1-33	1-1-34
项　　目			人工运土		双（单）轮车运土	
			运距			
			20m 以内	100m 以内 每增加 20m	50m 以内	500m 以内 每增加 50m
名　　称		单位	消　耗　量			
人工	合计工日	工日	17.285	3.612	12.470	3.010
	普工	工日	17.285	3.612	12.470	3.010

工作内容：装车，运土，卸土，空回，清理道路，铺、拆走道板。 **计量单位：**100m³

编号			1-1-35	1-1-36	1-1-37
项目			机动翻斗车运土		人工装汽车土方
			运距		
			200m 以内	1 000m 以内 每增加 200m	
名称		单位	消耗量		
人工	合计工日	工日	13.090	—	14.333
	普工	工日	13.090	—	14.333
机械	机动翻斗车 1t	台班	6.085	0.899	—

七、人工挖运淤泥、流沙

工作内容：挖淤泥流沙、抛或装淤泥流沙、清理底边、边坡。 **计量单位：**100m³

编号			1-1-38	1-1-39
项目			人工挖淤泥、流沙（深度 m 以内）	
			2	4
名称		单位	消耗量	
人工	合计工日	工日	71.424	84.943
	普工	工日	71.424	84.943

工作内容：挖、抛或装运，堆放于沟、槽边 1m 以外。　　**计量单位**：$100m^3$

编　号			1-1-40	1-1-41
项　目			人工挖沟槽淤泥、流沙(深度 m 以内)	
			2	4
名　称		单位	消 耗 量	
人工	合计工日	工日	92.852	110.427
	普工	工日	92.852	110.427

工作内容：挖、抛或装运，堆放于坑边 1m 以外。　　**计量单位**：$100m^3$

编　号			1-1-42	1-1-43
项　目			人工挖基坑淤泥、流沙(深度 m 以内)	
			2	4
名　称		单位	消 耗 量	
人工	合计工日	工日	99.994	118.921
	普工	工日	99.994	118.921

工作内容：运、卸淤泥流沙，清理道路，铺、拆走道板。 **计量单位：**$100m^3$

编号			1-1-44	1-1-45	1-1-46	1-1-47
项目			人工运淤泥、流沙		双（单）轮车运淤泥、流沙	
			运距			
			20m 以内	100m 以内 每增加 20m	50m 以内	500m 以内 每增加 50m
名称		单位	消耗量			
人工	合计工日	工日	26.409	5.551	19.084	4.626
	普工	工日	26.409	5.551	19.084	4.626

八、人工平整场地、填土夯实、原土夯实

工作内容：1. 场地平整：厚度 30cm 内的就地挖填，找平。
2. 松填土：5m 内的就地取土，铺平。

编号			1-1-48	1-1-49	1-1-50
项目			平整场地	松填土	
				槽、坑	平地
			$100m^2$	$100m^3$	
名称		单位	消耗量		
人工	合计工日	工日	2.939	5.757	4.920
	普工	工日	2.939	5.757	4.920

工作内容：1. 填土夯实：填土、夯土、运水、洒水。
2. 原土夯实：打夯。

编号			1-1-51	1-1-52	1-1-53	1-1-54	1-1-55
项目			填土夯实		填砂、砾	原土夯实（两遍）	
			平地	槽、坑		平地	槽、坑
			100m³			100m²	
名称		单位	消耗量				
人工	合计工日	工日	18.571	22.358	25.803	1.239	1.502
	普工	工日	18.571	22.358	25.803	1.239	1.502
材料	水	m^3	1.550	1.550	—	—	—

九、推土机推土

工作内容：推土、弃土、平整、空回，修理边坡，工作面内人工排水等辅助性工作。　**计量单位：**1 000m³

编号			1-1-56	1-1-57	1-1-58	1-1-59	1-1-60	1-1-61
项目			75kW 内推土机					
			推距（m 以内）					
			20			40		
			一、二类土	三类土	四类土	一、二类土	三类土	四类土
名称		单位	消耗量					
人工	合计工日	工日	2.000	2.000	2.000	2.000	2.000	2.000
	普工	工日	2.000	2.000	2.000	2.000	2.000	2.000
机械	履带式推土机 75kW	台班	2.410	2.867	3.387	3.656	4.355	5.134

工作内容：推土、弃土、平整、空回，修理边坡，工作面内人工排水等辅助性工作。　　**计量单位：**1 000m³

编　号			1-1-62	1-1-63	1-1-64	1-1-65	1-1-66	1-1-67
项　目			75kW 以内推土机					
			推距（m 以内）					
			60			80		
			一、二类土	三类土	四类土	一、二类土	三类土	四类土
名　称		单位	消　耗　量					
人工	合计工日	工日	2.000	2.000	2.000	2.000	2.000	2.000
	普工	工日	2.000	2.000	2.000	2.000	2.000	2.000
机械	履带式推土机 75kW	台班	5.313	6.326	7.464	7.589	9.032	10.653

工作内容：推土、弃土、平整、空回，修理边坡，工作面内人工排水等辅助性工作。　　**计量单位：**1 000m³

编　号			1-1-68	1-1-69	1-1-70	1-1-71	1-1-72	1-1-73
项　目			90kW 以内推土机					
			推距（m 以内）					
			20			40		
			一、二类土	三类土	四类土	一、二类土	三类土	四类土
名　称		单位	消　耗　量					
人工	合计工日	工日	2.000	2.000	2.000	2.000	2.000	2.000
	普工	工日	2.000	2.000	2.000	2.000	2.000	2.000
机械	履带式推土机 90kW	台班	2.079	2.473	2.921	3.172	3.772	4.453

工作内容：推土、弃土、平整、空回，修理边坡，工作面内人工排水等辅助性工作。　**计量单位：**1 000m³

编　号			1-1-74	1-1-75	1-1-76	1-1-77	1-1-78	1-1-79
项　目			90kW 以内推土机					
			推距（m 以内）					
			60			80		
			一、二类土	三类土	四类土	一、二类土	三类土	四类土
名　称		单位	消　耗　量					
人工	合计工日	工日	2.000	2.000	2.000	2.000	2.000	2.000
	普工	工日	2.000	2.000	2.000	2.000	2.000	2.000
机械	履带式推土机 90kW	台班	4.588	5.466	6.451	6.397	7.616	8.987

工作内容：推土、弃土、平整、空回，修理边坡，工作面内人工排水等辅助性工作。　**计量单位：**1 000m³

编　号			1-1-80	1-1-81	1-1-82	1-1-83	1-1-84	1-1-85
项　目			105kW 以内推土机					
			推距（m 以内）					
			20			40		
			一、二类土	三类土	四类土	一、二类土	三类土	四类土
名　称		单位	消　耗　量					
人工	合计工日	工日	2.000	2.000	2.000	2.000	2.000	2.000
	普工	工日	2.000	2.000	2.000	2.000	2.000	2.000
机械	履带式推土机 105kW	台班	1.684	2.007	2.365	2.545	3.028	3.575

工作内容:推土、弃土、平整、空回,修理边坡,工作面内人工排水等辅助性工作。 **计量单位:**1 000m³

编号			1-1-86	1-1-87	1-1-88	1-1-89	1-1-90	1-1-91
项目			105kW 以内推土机					
			推距(m 以内)					
			60			80		
			一、二类土	三类土	四类土	一、二类土	三类土	四类土
名称		单位	消耗量					
人工	合计工日	工日	2.000	2.000	2.000	2.000	2.000	2.000
	普工	工日	2.000	2.000	2.000	2.000	2.000	2.000
机械	履带式推土机 105kW	台班	3.468	4.131	4.874	4.543	5.412	6.388

工作内容:推土、弃土、平整、空回,修理边坡,工作面内人工排水等辅助性工作。 **计量单位:**1 000m³

编号			1-1-92	1-1-93	1-1-94	1-1-95	1-1-96	1-1-97
项目			135kW 以内推土机					
			推距(m 以内)					
			20			40		
			一、二类土	三类土	四类土	一、二类土	三类土	四类土
名称		单位	消耗量					
人工	合计工日	工日	2.000	2.000	2.000	2.000	2.000	2.000
	普工	工日	2.000	2.000	2.000	2.000	2.000	2.000
机械	履带式推土机 135kW	台班	1.568	1.864	2.195	2.339	2.787	3.288

工作内容：推土、弃土、平整、空回，修理边坡，工作面内人工排水等辅助性工作。　　**计量单位：**1 000m³

编　　号			1-1-98	1-1-99	1-1-100	1-1-101	1-1-102	1-1-103
项　　目			135kW 以内推土机					
			推距（m 以内）					
			60			80		
			一、二类土	三类土	四类土	一、二类土	三类土	四类土
名　　称		单位	消　耗　量					
人工	合计工日	工日	2.000	2.000	2.000	2.000	2.000	2.000
人工	普工	工日	2.000	2.000	2.000	2.000	2.000	2.000
机械	履带式推土机 135kW	台班	3.226	3.835	4.525	4.256	5.062	5.976

工作内容：推土、弃土、平整、空回，修理边坡，工作面内人工排水等辅助性工作。　　**计量单位：**1 000m³

编　　号			1-1-104	1-1-105	1-1-106	1-1-107	1-1-108	1-1-109
项　　目			165kW 以内推土机					
			推距（m 以内）					
			20			40		
			一、二类土	三类土	四类土	一、二类土	三类土	四类土
名　　称		单位	消　耗　量					
人工	合计工日	工日	2.000	2.000	2.000	2.000	2.000	2.000
人工	普工	工日	2.000	2.000	2.000	2.000	2.000	2.000
机械	履带式推土机 165kW	台班	1.337	1.589	1.871	2.021	2.403	2.830

工作内容：推土、弃土、平整、空回，修理边坡，工作面内人工排水等辅助性工作。 **计量单位：**1 000m³

编号			1-1-110	1-1-111	1-1-112	1-1-113	1-1-114	1-1-115
项目			165kW 以内推土机					
			推距（m 以内）					
			60			80		
			一、二类土	三类土	四类土	一、二类土	三类土	四类土
名称		单位	消耗量					
人工	合计工日	工日	2.000	2.000	2.000	2.000	2.000	2.000
	普工	工日	2.000	2.000	2.000	2.000	2.000	2.000
机械	履带式推土机 165kW	台班	2.850	3.389	3.992	3.885	4.618	5.440

十、铲运机铲运土方

工作内容：铲土、运土、卸土、空回，推土机配合助铲、整平，修理边坡，工作面内人工排水等辅助性工作。 **计量单位：**1 000m³

编号			1-1-116	1-1-117	1-1-118	1-1-119	1-1-120	1-1-121
项目			拖式铲运机铲运土 3m³					
			运距（m 以内）					
			200			300		
			一、二类土	三类土	四类土	一、二类土	三类土	四类土
名称		单位	消耗量					
人工	合计工日	工日	2.000	2.000	2.000	2.000	2.000	2.000
	普工	工日	2.000	2.000	2.000	2.000	2.000	2.000
材料	水	m³	5.000	5.000	5.000	5.000	5.000	5.000
机械	拖式铲运机组 3m³	台班	9.139	10.877	13.709	12.069	14.363	18.099
	履带式推土机 75kW	台班	0.914	1.088	1.371	1.207	1.436	1.810
	洒水车 4 000L	台班	0.224	0.224	0.224	0.224	0.224	0.224

工作内容：铲土、运土、卸土、空回，推土机配合助铲、整平，修理边坡，工作面内人工排水等辅助性工作。

计量单位：1 000m³

编　号			1-1-122	1-1-123	1-1-124	1-1-125	1-1-126	1-1-127
项　目			拖式铲运机铲运土 3m³					
			运距（m 以内）					
			400			500		
			一、二类土	三类土	四类土	一、二类土	三类土	四类土
名　称		单位	消　耗　量					
人工	合计工日	工日	2.000	2.000	2.000	2.000	2.000	2.000
	普工	工日	2.000	2.000	2.000	2.000	2.000	2.000
材料	水	m^3	5.000	5.000	5.000	5.000	5.000	5.000
机械	拖式铲运机组 3m³	台班	15.169	18.063	22.758	18.090	21.540	27.140
	履带式推土机 75kW	台班	1.517	1.806	2.276	1.809	2.154	2.714
	洒水车 4 000L	台班	0.224	0.224	0.224	0.224	0.224	0.224

工作内容：铲土、运土、卸土、空回，推土机配合助铲、整平，修理边坡，工作面内人工排水等辅助性工作。

计量单位：1 000m³

编　号			1-1-128	1-1-129	1-1-130	1-1-131	1-1-132	1-1-133
项　目			拖式铲运机铲运土 7m³					
			运距（m 以内）					
			200			400		
			一、二类土	三类土	四类土	一、二类土	三类土	四类土
名　称		单位	消　耗　量					
人工	合计工日	工日	2.000	2.000	2.000	2.000	2.000	2.000
	普工	工日	2.000	2.000	2.000	2.000	2.000	2.000
材料	水	m^3	5.000	5.000	5.000	5.000	5.000	5.000
机械	拖式铲运机组 7m³	台班	4.095	4.874	6.138	5.994	7.132	8.987
	履带式推土机 75kW	台班	0.409	0.487	0.614	0.599	0.713	0.899
	洒水车 4 000L	台班	0.224	0.224	0.224	0.224	0.224	0.224

工作内容：铲土、运土、卸土、空回，推土机配合助铲、整平，修理边坡，工作面内人工排水等辅助性工作。

计量单位：1 000m³

编号			1-1-134	1-1-135	1-1-136	1-1-137	1-1-138	1-1-139
项目			拖式铲运机铲运土 7m³					
			运距（m 以内）					
			600			800		
			一、二类土	三类土	四类土	一、二类土	三类土	四类土
名称		单位	消耗量					
人工	合计工日	工日	2.000	2.000	2.000	2.000	2.000	2.000
	普工	工日	2.000	2.000	2.000	2.000	2.000	2.000
材料	水	m³	5.000	5.000	5.000	5.000	5.000	5.000
机械	拖式铲运机组 7m³	台班	8.252	9.820	12.374	10.573	12.589	15.859
	履带式推土机 75kW	台班	0.825	0.986	1.236	1.057	1.259	1.586
	洒水车 4 000L	台班	0.224	0.224	0.224	0.224	0.224	0.224

工作内容：铲土、运土、卸土、空回，推土机配合助铲、整平，修理边坡，工作面内人工排水等辅助性工作。

计量单位：1 000m³

编号			1-1-140	1-1-141	1-1-142	1-1-143	1-1-144	1-1-145
项目			拖式铲运机铲运土 10m³					
			运距（m 以内）					
			200			400		
			一、二类土	三类土	四类土	一、二类土	三类土	四类土
名称		单位	消耗量					
人工	合计工日	工日	2.000	2.000	2.000	2.000	2.000	2.000
	普工	工日	2.000	2.000	2.000	2.000	2.000	2.000
材料	水	m³	5.000	5.000	5.000	5.000	5.000	5.000
机械	拖式铲运机组 10m³	台班	2.939	3.503	4.417	4.355	5.188	6.541
	履带式推土机 75kW	台班	0.294	0.350	0.442	0.436	0.520	0.654
	洒水车 4 000L	台班	0.224	0.224	0.224	0.224	0.224	0.224

工作内容：铲土、运土、卸土、空回，推土机配合助铲、整平，修理边坡，工作面内人工排水等辅助性工作。

计量单位：1 000m³

编　号			1-1-146	1-1-147	1-1-148	1-1-149	1-1-150	1-1-151
项　目			拖式铲运机铲运土 10m³					
			运距（m 以内）					
			600			800		
			一、二类土	三类土	四类土	一、二类土	三类土	四类土
名　称		单位	消　耗　量					
人工	合计工日	工日	2.000	2.000	2.000	2.000	2.000	2.000
	普工	工日	2.000	2.000	2.000	2.000	2.000	2.000
材料	水	m³	5.000	5.000	5.000	5.000	5.000	5.000
机械	拖式铲运机组 10m³	台班	6.030	7.177	9.041	7.715	9.184	11.576
	履带式推土机 75kW	台班	0.603	0.717	0.904	0.772	0.918	1.158
	洒水车 4 000L	台班	0.224	0.224	0.224	0.224	0.224	0.224

工作内容：铲土、运土、卸土、空回，推土机配合助铲、整平，修理边坡，工作面内人工排水等辅助性工作。

计量单位：1 000m³

编　号			1-1-152	1-1-153	1-1-154	1-1-155	1-1-156	1-1-157
项　目			拖式铲运机铲运土 12m³					
			运距（m 以内）					
			200			400		
			一、二类土	三类土	四类土	一、二类土	三类土	四类土
名　称		单位	消　耗　量					
人工	合计工日	工日	2.000	2.000	2.000	2.000	2.000	2.000
	普工	工日	2.000	2.000	2.000	2.000	2.000	2.000
材料	水	m³	5.000	5.000	5.000	5.000	5.000	5.000
机械	拖式铲运机组 12m³	台班	2.473	2.948	3.718	3.683	4.381	5.519
	履带式推土机 75kW	台班	0.247	0.295	0.372	0.368	0.438	0.552
	洒水车 4 000L	台班	0.224	0.224	0.224	0.224	0.224	0.224

工作内容: 铲土、运土、卸土、空回,推土机配合助铲、整平,修理边坡,工作面内人工排水等辅助性工作。

计量单位: 1 000m³

编号			1-1-158	1-1-159	1-1-160	1-1-161	1-1-162	1-1-163
项目			拖式铲运机铲运土 12m³					
			运距(m 以内)					
			600			800		
			一、二类土	三类土	四类土	一、二类土	三类土	四类土
名称		单位	消耗量					
人工	合计工日	工日	2.000	2.000	2.000	2.000	2.000	2.000
	普工	工日	2.000	2.000	2.000	2.000	2.000	2.000
材料	水	m³	5.000	5.000	5.000	5.000	5.000	5.000
机械	拖式铲运机组 12m³	台班	5.036	5.994	7.553	6.397	7.616	9.596
	履带式推土机 75kW	台班	0.504	0.599	0.755	0.640	0.762	0.960
	洒水车 4 000L	台班	0.224	0.224	0.224	0.224	0.224	0.224

工作内容: 铲土、运土、卸土、空回,推土机配合助铲、整平,修理边坡,工作面内人工排水等辅助性工作。

计量单位: 1 000m³

编号			1-1-164	1-1-165	1-1-166	1-1-167	1-1-168	1-1-169
项目			自行铲运机铲运土 8m³					
			运距(m 以内)					
			300			500		
			一、二类土	三类土	四类土	一、二类土	三类土	四类土
名称		单位	消耗量					
人工	合计工日	工日	2.000	2.000	2.000	2.000	2.000	2.000
	普工	工日	2.000	2.000	2.000	2.000	2.000	2.000
材料	水	m³	5.000	5.000	5.000	5.000	5.000	5.000
机械	自行式铲运机 8m³	台班	2.948	3.432	3.736	3.772	4.381	4.776
	履带式推土机 75kW	台班	0.295	0.343	0.374	0.377	0.438	0.478
	洒水车 4 000L	台班	0.224	0.224	0.224	0.224	0.224	0.224

工作内容：铲土、运土、卸土、空回，推土机配合助铲、整平，修理边坡，工作面内人工排水等辅助性工作。

计量单位：1 000m^3

编号			1-1-170	1-1-171	1-1-172	1-1-173	1-1-174	1-1-175
项目			自行铲运机铲运土 8m^3					
			运距（m 以内）					
			700			1 000		
			一、二类土	三类土	四类土	一、二类土	三类土	四类土
名称		单位	消耗量					
人工	合计工日	工日	2.000	2.000	2.000	2.000	2.000	2.000
	普工	工日	2.000	2.000	2.000	2.000	2.000	2.000
材料	水	m^3	5.000	5.000	5.000	5.000	5.000	5.000
机械	自行式铲运机 8m^3	台班	4.570	5.313	5.788	5.940	6.908	7.526
	履带式推土机 75kW	台班	0.457	0.531	0.579	0.594	0.691	0.753
	洒水车 4 000L	台班	0.224	0.224	0.224	0.224	0.224	0.224

工作内容：铲土、运土、卸土、空回，推土机配合助铲、整平，修理边坡，工作面内人工排水等辅助性工作。

计量单位：1 000m^3

编号			1-1-176	1-1-177	1-1-178	1-1-179	1-1-180	1-1-181
项目			自行铲运机铲运土 8m^3					
			运距（m 以内）					
			1 200			1 400		
			一、二类土	三类土	四类土	一、二类土	三类土	四类土
名称		单位	消耗量					
人工	合计工日	工日	2.000	2.000	2.000	2.000	2.000	2.000
	普工	工日	2.000	2.000	2.000	2.000	2.000	2.000
材料	水	m^3	5.000	5.000	5.000	5.000	5.000	5.000
机械	自行式铲运机 8m^3	台班	6.881	8.001	8.718	7.831	9.103	9.919
	履带式推土机 75kW	台班	0.688	0.800	0.872	0.783	0.910	0.992
	洒水车 4 000L	台班	0.224	0.224	0.224	0.224	0.224	0.224

工作内容：铲土、运土、卸土、空回，推土机配合助铲、整平，修理边坡，工作面内人工排水等辅助性工作。

计量单位：1 000m³

编号			1-1-182	1-1-183	1-1-184	1-1-185	1-1-186	1-1-187
项目			自行铲运机铲运土 8m³					
			运距（m 以内）					
			1 600			1 800		
			一、二类土	三类土	四类土	一、二类土	三类土	四类土
名称		单位	消耗量					
人工	合计工日	工日	2.000	2.000	2.000	2.000	2.000	2.000
	普工	工日	2.000	2.000	2.000	2.000	2.000	2.000
材料	水	m³	5.000	5.000	5.000	5.000	5.000	5.000
机械	自行式铲运机 8m³	台班	8.754	10.179	11.092	9.632	11.200	12.212
	履带式推土机 75kW	台班	0.875	1.018	1.109	0.963	1.120	1.221
	洒水车 4 000L	台班	0.224	0.224	0.224	0.224	0.224	0.224

工作内容：铲土、运土、卸土、空回，推土机配合助铲、整平，修理边坡，工作面内人工排水等辅助性工作。

计量单位：1 000m³

编号			1-1-188	1-1-189	1-1-190	1-1-191	1-1-192	1-1-193
项目			自行铲运机铲运土 10m³					
			运距（m 以内）					
			300			500		
			一、二类土	三类土	四类土	一、二类土	三类土	四类土
名称		单位	消耗量					
人工	合计工日	工日	2.000	2.000	2.000	2.000	2.000	2.000
	普工	工日	2.000	2.000	2.000	2.000	2.000	2.000
材料	水	m³	5.000	5.000	5.000	5.000	5.000	5.000
机械	自行式铲运机 10m³	台班	2.437	2.831	3.082	3.163	3.674	4.005
	履带式推土机 75kW	台班	0.244	0.283	0.308	0.316	0.367	0.401
	洒水车 4 000L	台班	0.224	0.224	0.224	0.224	0.224	0.224

工作内容：铲土、运土、卸土、空回，推土机配合助铲、整平，修理边坡，工作面内人工排水等辅助性工作。

计量单位：1 000m³

编号			1-1-194	1-1-195	1-1-196	1-1-197	1-1-198	1-1-199
项目			自行铲运机铲运土 10m³					
			运距（m 以内）					
			700			1 000		
			一、二类土	三类土	四类土	一、二类土	三类土	四类土
名称		单位	消耗量					
人工	合计工日	工日	2.000	2.000	2.000	2.000	2.000	2.000
	普工	工日	2.000	2.000	2.000	2.000	2.000	2.000
材料	水	m^3	5.000	5.000	5.000	5.000	5.000	5.000
机械	自行式铲运机 10m³	台班	4.050	4.704	5.125	5.233	6.084	6.630
	履带式推土机 75kW	台班	0.405	0.470	0.513	0.523	0.608	0.663
	洒水车 4 000L	台班	0.224	0.224	0.224	0.224	0.224	0.224

工作内容：铲土、运土、卸土、空回，推土机配合助铲、整平，修理边坡，工作面内人工排水等辅助性工作。

计量单位：1 000m³

编号			1-1-200	1-1-201	1-1-202	1-1-203	1-1-204	1-1-205
项目			自行铲运机铲运土 10m³					
			运距（m 以内）					
			1 200			1 400		
			一、二类土	三类土	四类土	一、二类土	三类土	四类土
名称		单位	消耗量					
人工	合计工日	工日	2.000	2.000	2.000	2.000	2.000	2.000
	普工	工日	2.000	2.000	2.000	2.000	2.000	2.000
材料	水	m^3	5.000	5.000	5.000	5.000	5.000	5.000
机械	自行式铲运机 10m³	台班	5.976	6.953	7.580	6.783	7.885	8.593
	履带式推土机 75kW	台班	0.598	0.695	0.758	0.678	0.789	0.859
	洒水车 4 000L	台班	0.224	0.224	0.224	0.224	0.224	0.224

工作内容：铲土、运土、卸土、空回，推土机配合助铲、整平，修理边坡，工作面内人工排水等辅助性工作。

计量单位：1 000m³

编号			1-1-206	1-1-207	1-1-208	1-1-209	1-1-210	1-1-211
项目			自行铲运机铲运土 10m³					
			运距（m 以内）					
			1 600			1 800		
			一、二类土	三类土	四类土	一、二类土	三类土	四类土
名称		单位	消耗量					
人工	合计工日	工日	2.000	2.000	2.000	2.000	2.000	2.000
	普工	工日	2.000	2.000	2.000	2.000	2.000	2.000
材料	水	m³	5.000	5.000	5.000	5.000	5.000	5.000
机械	自行式铲运机 10m³	台班	7.652	8.897	9.695	8.387	9.748	10.627
	履带式推土机 75kW	台班	0.765	0.890	0.970	0.839	0.975	1.063
	洒水车 4 000L	台班	0.224	0.224	0.224	0.224	0.224	0.224

十一、反铲挖掘机挖土

工作内容：1. 挖土，将土堆放在一边或装车，清理机下余土。
2. 清理边坡，工作面内人工排水等辅助性工作。

计量单位：1 000m³

编号			1-1-212	1-1-213	1-1-214	1-1-215	1-1-216	1-1-217
项目			反铲挖掘机（斗容量 0.6m³）					
			不装车			装车		
			一、二类土	三类土	四类土	一、二类土	三类土	四类土
名称		单位	消耗量					
人工	合计工日	工日	2.000	2.000	2.000	2.000	2.000	2.000
	普工	工日	2.000	2.000	2.000	2.000	2.000	2.000
机械	履带式单斗液压挖掘机 0.6m³	台班	2.528	3.013	3.439	3.107	3.695	4.213
	履带式推土机 75kW	台班	0.253	0.301	0.344	0.932	1.108	1.264

工作内容：1. 挖土，将土堆放在一边或装车，清理机下余土。
2. 清理边坡，工作面内人工排水等辅助性工作。

计量单位：1 000m³

编号			1-1-218	1-1-219	1-1-220	1-1-221	1-1-222	1-1-223
项目			反铲挖掘机（斗容量 1.0m³）					
			不装车			装车		
			一、二类土	三类土	四类土	一、二类土	三类土	四类土
名称		单位	消耗量					
人工	合计工日	工日	2.000	2.000	2.000	2.000	2.000	2.000
	普工	工日	2.000	2.000	2.000	2.000	2.000	2.000
机械	履带式单斗液压挖掘机 1m³	台班	1.788	2.129	2.426	2.068	2.460	2.801
	履带式推土机 75kW	台班	0.179	0.213	0.242	0.620	0.738	0.840

工作内容：1. 挖土，将土堆放在一边或装车，清理机下余土。
2. 清理边坡，工作面内人工排水等辅助性工作。

计量单位：1 000m³

编号			1-1-224	1-1-225	1-1-226	1-1-227	1-1-228	1-1-229
项目			反铲挖掘机（斗容量 1.2~1.5m³）					
			不装车			装车		
			一、二类土	三类土	四类土	一、二类土	三类土	四类土
名称		单位	消耗量					
人工	合计工日	工日	2.000	2.000	2.000	2.000	2.000	2.000
	普工	工日	2.000	2.000	2.000	2.000	2.000	2.000
机械	履带式单斗机械挖掘机 1.5m³	台班	1.584	1.881	2.145	1.813	2.162	2.468
	履带式推土机 75kW	台班	0.159	0.188	0.215	0.543	0.649	0.740

十二、反铲挖掘机挖沟槽、基坑土方

工作内容：1. 挖土，将土堆放在一边或装车，清理机下余土。
2. 清理边坡，工作面内人工排水等辅助性工作。

计量单位：1 000m^3

编号			1-1-230	1-1-231	1-1-232	1-1-233	1-1-234	1-1-235
项目			反铲挖掘机（斗容量 0.6m^3）					
			不装车			装车		
			一、二类土	三类土	四类土	一、二类土	三类土	四类土
名称		单位	消耗量					
人工	合计工日	工日	2.000	2.000	2.000	2.000	2.000	2.000
	普工	工日	2.000	2.000	2.000	2.000	2.000	2.000
机械	履带式单斗液压挖掘机 0.6m^3	台班	3.727	4.444	5.072	4.578	5.448	6.209
	履带式推土机 75kW	台班	0.373	0.444	0.507	1.376	1.631	1.862

工作内容：1. 挖土，将土堆放在一边或装车，清理机下余土。
2. 清理边坡，工作面内人工排水等辅助性工作。

计量单位：1 000m^3

编号			1-1-236	1-1-237	1-1-238	1-1-239	1-1-240	1-1-241
项目			反铲挖掘机（斗容量 1.0m^3）					
			不装车			装车		
			一、二类土	三类土	四类土	一、二类土	三类土	四类土
名称		单位	消耗量					
人工	合计工日	工日	2.000	2.000	2.000	2.000	2.000	2.000
	普工	工日	2.000	2.000	2.000	2.000	2.000	2.000
机械	履带式单斗液压挖掘机 1m^3	台班	2.635	3.136	3.576	3.046	3.628	4.131
	履带式推土机 75kW	台班	0.263	0.314	0.358	0.912	1.091	1.239

十三、拉铲挖掘机挖土

工作内容：1. 挖土，将土堆放在一边或者装车，清理机下余土。
2. 清理边坡，工作面内人工排水等辅助性工作。

计量单位：1 000m³

编号			1-1-242	1-1-243	1-1-244	1-1-245	1-1-246	1-1-247
项目			拉铲挖掘机（斗容量 0.5m³）					
			不装车			装车		
			一、二类土	三类土	四类土	一、二类土	三类土	四类土
名称		单位	消耗量					
人工	合计工日	工日	2.000	2.000	2.000	2.000	2.000	2.000
	普工	工日	2.000	2.000	2.000	2.000	2.000	2.000
机械	拉铲挖土机 0.5m³	台班	2.858	3.405	3.880	3.306	3.933	4.480
	履带式推土机 75kW	台班	0.286	0.341	0.388	0.992	1.180	1.344

工作内容：1. 挖土，将土堆放在一边或装车，清理机下余土。
2. 清理边坡，工作面内人工排水等辅助性工作。

计量单位：1 000m³

编号			1-1-248	1-1-249	1-1-250	1-1-251	1-1-252	1-1-253
项目			拉铲挖掘机（斗容量 1.0m³）					
			不装车			装车		
			一、二类土	三类土	四类土	一、二类土	三类土	四类土
名称		单位	消耗量					
人工	合计工日	工日	2.000	2.000	2.000	2.000	2.000	2.000
	普工	工日	2.000	2.000	2.000	2.000	2.000	2.000
机械	拉铲挖土机 1m³	台班	1.873	2.231	2.545	2.285	2.715	3.091
	履带式推土机 75kW	台班	0.187	0.223	0.255	0.685	0.814	0.928

十四、长臂挖掘机挖土

工作内容：挖土，将土堆放在一边，清理边坡，工作面内人工排水等辅助性工作。 **计量单位：**1 000m³

编号			1-1-254	1-1-255	1-1-256	1-1-257
项目			长臂挖掘机（不装车，一、二类土）			
			臂长（m）			
			13	16	18	25
名称		单位	消耗量			
人工	合计工日	工日	2.000	2.000	2.000	2.000
	普工	工日	2.000	2.000	2.000	2.000
机械	长臂挖掘机 270型 13m	台班	2.000	—	—	—
	长臂挖掘机 270型 16m	台班	—	2.333	—	—
	长臂挖掘机 360型 18m	台班	—	—	2.800	—
	长臂挖掘机 360型 25m	台班	—	—	—	4.667

工作内容：挖土，将土堆放在一边，清理边坡，工作面内人工排水等辅助性工作。 **计量单位：**1 000m³

编号			1-1-258	1-1-259	1-1-260	1-1-261
项目			长臂挖掘机（不装车，三类土）			
			臂长（m）			
			13	16	18	25
名称		单位	消耗量			
人工	合计工日	工日	2.000	2.000	2.000	2.000
	普工	工日	2.000	2.000	2.000	2.000
机械	长臂挖掘机 270型 13m	台班	2.380	—	—	—
	长臂挖掘机 270型 16m	台班	—	2.777	—	—
	长臂挖掘机 360型 18m	台班	—	—	3.332	—
	长臂挖掘机 360型 25m	台班	—	—	—	5.553

十五、抓铲挖掘机挖土、淤泥、流沙

工作内容：挖土，淤泥、流沙，堆放一边或装车，清理机下余土。　　**计量单位：**1 000m³

编　号			1-1-262	1-1-263	1-1-264	1-1-265
项　目			一、二类土（斗容量 0.5m³）			
			不装车		装车	
			深度			
			6m 以内	6m 以外	6m 以内	6m 以外
名　称		单位	消　耗　量			
人工	合计工日	工日	10.328	11.588	11.808	13.249
	普工	工日	10.328	11.588	11.808	13.249
机械	抓铲挖掘机　斗容量 0.5m³	台班	4.847	5.439	5.541	6.218

工作内容：挖土，淤泥、流沙，堆放一边或装车，清理机下余土。　　**计量单位：**1 000m³

编　号			1-1-266	1-1-267	1-1-268	1-1-269
项　目			三类土（斗容量 0.5m³）			
			不装车		装车	
			深度			
			6m 以内	6m 以外	6m 以内	6m 以外
名　称		单位	消　耗　量			
人工	合计工日	工日	11.932	13.631	13.303	15.197
	普工	工日	11.932	13.631	13.303	15.197
机械	抓铲挖掘机　斗容量 0.5m³	台班	5.600	6.397	6.243	7.132

工作内容：挖土，淤泥、流沙，堆放一边或装车，清理机下余土。 **计量单位：**1 000m^3

编号			1-1-270	1-1-271	1-1-272	1-1-273
项目			淤泥、流沙（斗容量 0.5m^3）			
			不装车		装车	
			深度			
			6m 以内	6m 以外	6m 以内	6m 以外
名称		单位	消耗量			
人工	合计工日	工日	22.375	25.563	24.948	28.503
	普工	工日	22.375	25.563	24.948	28.503
机械	抓铲挖掘机 斗容量 0.5m^3	台班	10.501	11.997	11.285	12.893

工作内容：挖土，淤泥、流沙，堆放一边或装车，清理机下余土。 **计量单位：**1 000m^3

编号			1-1-274	1-1-275	1-1-276	1-1-277
项目			一、二类土（斗容量 1.0m^3）			
			不装车		装车	
			深度			
			6m 以内	6m 以外	6m 以内	6m 以外
名称		单位	消耗量			
人工	合计工日	工日	6.739	7.522	7.526	8.400
	普工	工日	6.739	7.522	7.526	8.400
机械	抓铲挖掘机 1m^3	台班	3.163	3.530	3.532	3.942

工作内容：挖土，淤泥、流沙，堆放一边或装车，清理机下余土。　　**计量单位：**1 000m³

编　号			1-1-278	1-1-279	1-1-280	1-1-281
项　目			三类土（斗容量 1.0m³）			
			不装车		装车	
			深度			
			6m 以内	6m 以外	6m 以内	6m 以外
名　称		单位	消　耗　量			
人工	合计工日	工日	7.732	8.744	8.610	9.737
	普工	工日	7.732	8.744	8.610	9.737
机械	抓铲挖掘机 1m³	台班	3.629	4.104	4.104	4.570

工作内容：挖土，淤泥、流沙，堆放一边或装车，清理机下余土。　　**计量单位：**1 000m³

编　号			1-1-282	1-1-283	1-1-284	1-1-285
项　目			淤泥、流沙（斗容量 1.0m³）			
			不装车		装车	
			深度			
			6m 以内	6m 以外	6m 以内	6m 以外
名　称		单位	消　耗　量			
人工	合计工日	工日	14.990	16.399	16.683	18.251
	普工	工日	14.990	16.399	16.683	18.251
机械	抓铲挖掘机 1m³	台班	6.801	7.697	7.569	8.566

十六、反铲挖掘机挖淤泥、流沙

工作内容：挖淤泥、流沙，堆放一边或装车，移动位置，清理工作面。　　**计量单位：**1 000m³

编　号			1-1-286	1-1-287
项　目			反铲挖掘机挖淤泥、流沙	
			斗容量 0.6m³	
			不装车	装车
名　称		单位	消　耗　量	
人工	合计工日	工日	4.386	5.000
	普工	工日	4.386	5.000
机械	履带式推土机 75kW	台班	2.190	2.496
	履带式单斗液压挖掘机 0.6m³	台班	6.758	7.704

工作内容：挖淤泥、流沙，堆放一边或装车，移动位置，清理工作面。　　**计量单位：**1 000m³

编　号			1-1-288	1-1-289
项　目			反铲挖掘机挖淤泥、流沙	
			斗容量 1.0m³	
			不装车	装车
名　称		单位	消　耗　量	
人工	合计工日	工日	3.070	3.500
	普工	工日	3.070	3.500
机械	履带式推土机 75kW	台班	1.523	1.747
	履带式单斗机械挖掘机 1m³	台班	4.726	5.393

十七、装载机装松散土

工作内容：铲土装车，清理机下余土。　　　　**计量单位：**1 000m^3

编　号			1-1-290	1-1-291	1-1-292
项　目			装载机（m^3）		
			1	1.5	3
名　称		单位	消　耗　量		
人工	合计工日	工日	2.000	2.000	2.000
	普工	工日	2.000	2.000	2.000
机械	轮胎式装载机 1m^3	台班	2.270	—	—
	轮胎式装载机 1.5m^3	台班	—	1.904	—
	轮胎式装载机 3m^3	台班	—	—	1.436

十八、装载机装运土方

工作内容：铲土、运土、卸土，人力清理机下余土。　　　　**计量单位：**1 000m^3

编　号			1-1-293	1-1-294	1-1-295	1-1-296	1-1-297
项　目			装载机（斗容量 1m^3 以内）				
			运距（m 以内）				
			20	60	80	100	150
名　称		单位	消　耗　量				
人工	合计工日	工日	2.000	2.000	2.000	2.000	2.000
	普工	工日	2.000	2.000	2.000	2.000	2.000
机械	轮胎式装载机 1m^3	台班	3.566	6.397	7.329	8.055	10.179

工作内容: 铲土、运土、卸土,人力清理机下余土。 **计量单位:** 1 000m³

编号			1-1-298	1-1-299	1-1-300	1-1-301	1-1-302
项目			装载机(斗容量 1.5m³ 以内)				
			运距(m 以内)				
			20	60	80	100	150
名称		单位	消耗量				
人工	合计工日	工日	2.000	2.000	2.000	2.000	2.000
	普工	工日	2.000	2.000	2.000	2.000	2.000
机械	轮胎式装载机 1.5m³	台班	2.822	4.704	5.331	5.806	7.267

十九、自卸汽车运土方

工作内容: 运土、卸土、空回,场内道路洒水。 **计量单位:** 1 000m³

编号			1-1-303	1-1-304	1-1-305	1-1-306
项目			自卸汽车(载重 8t 以内)			
			运距			
			1km 以内	30km 以内每增加 1km	1km 以内	30km 以内每增加 1km
名称		单位	消耗量			
材料	水	m³	12.000	—	12.000	—
机械	洒水车 4 000L	台班	0.484	—	0.484	—
	自卸汽车 8t	台班	8.327	2.300	—	—
	自卸汽车 10t	台班	—	—	6.950	1.660

工作内容：运土、卸土、空回，场内道路洒水。　　　　**计量单位：**1 000m³

编　号			1-1-307	1-1-308	1-1-309	1-1-310
项　目			自卸汽车（载重 12t 以内）			
			运距			
			1km 以内	30km 以内每增加 1km	1km 以内	30km 以内每增加 1km
名　称		单位	消　耗　量			
材料	水	m^3	12.000	—	12.000	—
机械	洒水车 4 000L	台班	0.484	—	0.484	—
	自卸汽车 12t	台班	6.642	1.440	—	—
	自卸汽车 15t	台班	—	—	5.966	1.160

二十、机械平整场地、填土碾压或夯实、原土碾压或夯实

工作内容：1. 平整场地：厚度在 ±30cm 内就地挖、填、找平，工作面内人工排水等辅助性工作。

2. 原土碾压：平土、碾压，工作面内人工排水等辅助性工作。　　　　**计量单位：**1 000m²

编　号			1-1-311	1-1-312	1-1-313	1-1-314
项　目			平整场地		原土碾压	
			推土机 75kW	拖式铲运机 $7m^3$	拖式双筒羊足碾	内燃压路机 15t 以内
名　称		单位	消　耗　量			
人工	合计工日	工日	0.955	0.955	0.955	0.955
	普工	工日	0.955	0.955	0.955	0.955
机械	履带式推土机 75kW	台班	0.564	—	—	—
	拖式铲运机组 $7m^3$	台班	—	0.403	—	—
	履带式拖拉机 75kW	台班	—	—	0.054	—
	拖式双筒羊角碾 6t	台班	—	—	0.054	—
	钢轮内燃压路机 15t	台班	—	—	—	0.125

工作内容：回填、推平、工作面内洒水、碾压，工作面内人工排水等辅助性工作。　　计量单位：1 000m³

编号			1-1-315	1-1-316	1-1-317	1-1-318	1-1-319
项目			填土碾压				
			拖式双筒羊足碾（kW）	内燃压路机（t 以内）		振动压路机（t 以内）	
			75	6	15	10	15
名称		单位	消耗量				
人工	合计工日	工日	2.000	2.000	2.000	2.000	2.000
	普工	工日	2.000	2.000	2.000	2.000	2.000
材料	水	m³	15.000	15.000	15.000	15.000	15.000
机械	履带式拖拉机 75kW	台班	2.742	—	—	—	—
	拖式双筒羊角碾 6t	台班	2.742	—	—	—	—
	钢轮内燃压路机 6t	台班	—	7.320	—	—	—
	钢轮内燃压路机 15t	台班	—	—	6.586	—	—
	钢轮振动压路机 10t	台班	—	—	—	4.355	—
	钢轮振动压路机 15t	台班	—	—	—	—	3.933
	履带式推土机 75kW	台班	0.278	0.735	0.663	0.439	0.394
	洒水车 4 000L	台班	0.672	0.672	0.672	0.672	0.672

工作内容：1. 原土夯实：平土、夯土。
2. 填土夯实：5m 内取土、摊铺、碎土、平土、夯实。

编号			1-1-320	1-1-321	1-1-322	1-1-323
项目			原土夯实		填土夯实	
			平地	槽、坑	平地	槽、坑
			100m²		100m³	
名称		单位	消耗量			
人工	合计工日	工日	0.941	1.025	11.867	13.413
	普工	工日	0.941	1.025	11.867	13.413
机械	夯实机电动 20~62N·m	台班	0.502	0.547	5.501	7.150

二十一、大型支撑基坑土方

工作内容：操作机械引斗挖土、装车，人工推铲、扣挖支撑下土体，挖引水沟、机械排水，人工整修底面。

计量单位：100m³

编号			1-1-324	1-1-325	1-1-326	1-1-327
项目			大型支撑基坑土方（宽 15m 以内）			
			深度（m 以内）			
			3.5	7	11	15
名称		单位	消耗量			
人工	合计工日	工日	5.372	6.401	8.415	11.824
	普工	工日	5.372	6.401	8.415	11.824
机械	履带式推土机 105kW	台班	0.260	0.323	0.403	0.233
	履带式单斗液压挖掘机 0.6m³	台班	1.371	0.762	0.636	0.654
	履带式起重机 15t	台班	—	0.968	1.469	1.756
	污水泵 100mm	台班	1.075	1.434	1.792	2.267

工作内容：操作机械引斗挖土、装车，人工推铲、扣挖支撑下土体，挖引水沟、工作面内人工排水等辅助性工作，人工整修底面。

计量单位：100m³

编号			1-1-328	1-1-329	1-1-330	1-1-331
项目			大型支撑基坑土方（宽 15m 以外）			
			深度（m 以内）			
			3.5	7	11	15
名称		单位	消耗量			
人工	合计工日	工日	5.211	6.282	8.330	11.807
	普工	工日	5.211	6.282	8.330	11.807
机械	履带式推土机 105kW	台班	0.260	0.323	0.403	0.233
	履带式单斗液压挖掘机 0.6m³	台班	1.371	0.762	0.636	0.654
	履带式起重机 25t	台班	—	0.968	1.469	1.756
	污水泵 100mm	台班	1.075	1.434	1.792	2.267

第二章　石 方 工 程

说　　明

一、本章包括人工凿石、切割机切割石方、液压岩石破碎锤破碎岩石、明挖石碴运输、推土机推石碴、反铲挖掘机挖石碴、自卸汽车运石碴等项目。

二、岩石分类详见岩石分类表。

岩石分类表

岩石分类		代表性岩石	开挖方法	单轴饱和抗压强度（MPa）
软质岩	极软岩	1. 全风化的各种岩石； 2. 强风化的软岩； 3. 各种半成岩	部分用手凿工具、部分用爆破法开挖	≤ 5
	软岩	1. 强风化的坚硬岩； 2. 中等（弱）风化～强风化的较坚硬岩； 3. 中等（弱）风化的较软岩； 4. 未风化的泥岩、泥质页岩、绿泥石片岩、绢云母片岩等	用风镐和爆破法开挖	5~15
	较软岩	1. 强风化的坚硬岩； 2. 中等（弱）风化的较坚硬岩； 3. 未风化～微风化的：凝灰岩、千枚岩、泥灰岩、砂质泥岩、泥质砂岩、粉砂岩、砂质页岩等	用爆破法开挖	15~30
硬质岩	较硬岩	1. 中等（弱）风化的坚硬岩； 2. 未风化～风化的：熔结凝灰岩、大理岩、板岩、石灰岩、白云岩、钙质砂岩、粗晶大理岩等		30~60
	坚硬岩	未风化～微风化的：花岗岩、正长岩、闪长岩、辉绿岩、玄武岩、安山岩、片麻岩、硅质板岩、石英岩、石英砂岩、硅质胶结的砾岩、硅质石灰岩等		>60

注：本表依据现行国家标准《工程岩体分级标准》GB/T 50218—2014 和《岩土工程勘察规范》GB 50021—2001（2009 年版）整理。

三、液压岩石破碎锤破碎坑、槽岩石按液压岩石破碎锤破碎岩石相应项目乘以系数 1.30。

工程量计算规则

一、石方的凿、挖、推、装、运、破碎等体积均以天然密实体积计算。不同状态的石方体积，按石方体积换算表相关系数换算。

石方体积换算表

名称	天然密实体积	虚方体积	松填体积	夯实后体积
石方	1.00	1.54	1.31	
块石	1.00	1.75	1.43	（码方）1.67
砂夹石	1.00	1.07	0.94	

二、石方工程量按图纸尺寸加允许超挖量计算，开挖坡面每侧允许超挖量：极软岩、软岩 20cm，较软岩、硬质岩 15cm。

一、人 工 凿 石

1. 人工凿平基(一般石方)

工作内容：凿岩，清渣，攒堆待运，修边整体等。　　　　**计量单位：**100m³

编　号			1-2-1	1-2-2	1-2-3
项　目			极软岩	软岩	较软岩
名　称		单位	消　耗　量		
人工	合计工日	工日	54.096	68.673	86.341
	普工	工日	54.096	68.673	86.341

2. 人工凿沟槽

工作内容：打单、双面槽子、碎石，槽壁打直，底检平，将石方运出槽边 1m 以外、5m 以内。　　　　**计量单位：**100m³

编　号			1-2-4	1-2-5	1-2-6	1-2-7	1-2-8	1-2-9
项　目			极软岩		软岩		较软岩	
			深度(m 以内)					
			2	4	2	4	2	4
名　称		单位	消　耗　量					
人工	合计工日	工日	58.988	72.750	78.571	93.141	108.455	125.976
	普工	工日	58.988	72.750	78.571	93.141	108.455	125.976

3. 人工凿基坑

工作内容：打单、双面槽子、碎石，坑壁打直，底检平，将石方运出坑边 1m 以外、5m 以内。

计量单位：$100m^3$

编号			1-2-10	1-2-11	1-2-12	1-2-13	1-2-14	1-2-15
项目			极软岩		软岩		较软岩	
			深度（m 以内）					
			2	4	2	4	2	4
名称		单位	消耗量					
人工	合计工日	工日	70.785	87.300	94.401	111.768	131.069	149.844
	普工	工日	70.785	87.300	94.401	111.768	131.069	149.844

二、切割机切割石方

工作内容：切割机锯缝，开凿石方，打碎，修边检底。

计量单位：$100m^3$

编号			1-2-16	1-2-17	1-2-18
项目			切割平基（一般）石方		
			软质岩	较硬岩	坚硬岩
名称		单位	消耗量		
人工	合计工日	工日	66.856	145.702	233.405
	普工	工日	66.856	145.702	233.405
材料	刀片 *D*1 000	片	0.153	0.191	0.225
	水	m^3	6.000	7.000	8.500
机械	岩石切割机 3kW	台班	2.032	2.537	2.999

工作内容：切割机锯缝，开凿石方、打碎、修边检底，将石方运出槽（坑）边 1m 以外、5m 以内。

计量单位：$100m^3$

编号			1-2-19	1-2-20	1-2-21
项目			切割坑（槽）石方		
			软质岩	较硬岩	坚硬岩
名称		单位	消耗量		
人工	合计工日	工日	102.203	212.300	352.323
	普工	工日	102.203	212.300	352.323
材料	刀片 *D*1 000	片	0.222	0.277	0.361
	水	m^3	6.000	7.000	8.000
机械	岩石切割机 3kW	台班	2.953	3.691	4.798

三、液压岩石破碎锤破碎岩石

工作内容：装、拆液压锤，破碎岩石，机械移动。

计量单位：$1\ 000m^3$

编号			1-2-22	1-2-23	1-2-24	1-2-25	1-2-26
项目			极软岩	软岩	较软岩	较硬岩	坚硬岩
名称		单位	消耗量				
人工	合计工日	工日	15.800	20.250	30.750	43.700	62.200
	普工	工日	15.800	20.250	30.750	43.700	62.200
机械	履带式单斗液压挖掘机 $1m^3$	台班	18.600	23.800	36.200	51.400	73.200
	液压锤 HM960	台班	18.600	23.800	36.200	51.400	73.200

四、明挖石碴运输

工作内容：清理道路，挖、装、运、卸石碴。　　**计量单位：**$100m^3$

编号			1-2-27	1-2-28	1-2-29	1-2-30
项目			人工运		双(单)轮车运	
			运距			
			20m 以内	100m 以内每增 20m	50m 以内	500m 以内每增 50m
名称		单位	消耗量			
人工	合计工日	工日	31.098	5.208	19.403	3.850
	普工	工日	31.098	5.208	19.403	3.850

工作内容：清理道路，挖、装、运、卸石碴。　　**计量单位：**$100m^3$

编号			1-2-31	1-2-32
项目			人力装、机动翻斗车运	
			运距	
			200m 以内	1 000m 以内每增加 200m
名称		单位	消耗量	
人工	合计工日	工日	14.207	—
	普工	工日	14.207	—
机械	机动翻斗车 1t	台班	3.623	0.708

五、推土机推石碴

工作内容：集碴、弃碴、平整场地。　　**计量单位：**1 000m^3

编　　号			1-2-33	1-2-34	1-2-35	1-2-36
项　　目			75kW 推土机推碴			
			运距（m 以内）			
			10	20	30	40
名　　称		单位	消　耗　量			
人工	合计工日	工日	3.818	3.818	3.818	3.818
	普工	工日	3.818	3.818	3.818	3.818
机械	履带式推土机 75kW	台班	4.392	6.282	8.304	10.345

工作内容：集碴、弃碴、平整场地。　　**计量单位：**1 000m^3

编　　号			1-2-37	1-2-38	1-2-39	1-2-40
项　　目			90kW 推土机推碴			
			运距（m 以内）			
			10	20	30	40
名　　称		单位	消　耗　量			
人工	合计工日	工日	3.818	3.818	3.818	3.818
	普工	工日	3.818	3.818	3.818	3.818
机械	履带式推土机 90kW	台班	4.188	5.998	8.020	9.751

工作内容：集碴、弃碴、平整场地。 **计量单位**：1 000m³

编号			1-2-41	1-2-42	1-2-43	1-2-44
项目			105kW 推土机推碴			
			运距（m 以内）			
			10	20	30	40
名称		单位	消耗量			
人工	合计工日	工日	3.818	3.818	3.818	3.818
	普工	工日	3.818	3.818	3.818	3.818
机械	履带式推土机 105kW	台班	3.992	5.536	7.284	8.943

工作内容：集碴、弃碴、平整场地。 **计量单位**：1 000m³

编号			1-2-45	1-2-46	1-2-47	1-2-48
项目			135kW 推土机推碴			
			运距（m 以内）			
			10	20	30	40
名称		单位	消耗量			
人工	合计工日	工日	3.818	3.818	3.818	3.818
	普工	工日	3.818	3.818	3.818	3.818
机械	履带式推土机 135kW	台班	3.478	4.800	6.282	7.719

工作内容：集碴、弃碴、平整场地。　　　　**计量单位：**1 000m³

编　号			1-2-49	1-2-50	1-2-51	1-2-52
项　目			165kW 推土机推碴			
			运距（m 以内）			
			10	20	30	40
名　称		单位	消　耗　量			
人工	合计工日	工日	3.818	3.818	3.818	3.818
	普工	工日	3.818	3.818	3.818	3.818
机械	履带式推土机 165kW	台班	2.822	3.874	5.041	6.199

六、反铲挖掘机挖石碴

工作内容：集碴、挖碴、弃碴或装车，平整，场内道路维护，工作面内人工排水等辅助性工作。　　　　**计量单位：**1 000m³

编　号			1-2-53	1-2-54	1-2-55	1-2-56
项　目			履带式液压挖掘机挖碴（斗容 m³）			
			不装车		装车	
			0.6	1.0	0.6	1.0
名　称		单位	消　耗　量			
人工	合计工日	工日	3.818	3.818	3.818	3.818
	普工	工日	3.818	3.818	3.818	3.818
机械	履带式单斗液压挖掘机 0.6m³	台班	5.873	—	6.477	—
	履带式单斗液压挖掘机 1m³	台班	—	3.859	—	4.188
	履带式推土机 90kW	台班	0.588	0.386	1.943	1.256

七、自卸汽车运石碴

工作内容:运碴、卸碴、空回,场内行驶道路洒水养护。 **计量单位:**1 000m³

编号			1-2-57	1-2-58	1-2-59	1-2-60
项目			自卸汽车(载重 8t 以内)		自卸汽车(载重 10t 以内)	
			运距			
			1km 以内	30km 以内每增加 1km	1km 以内	30km 以内每增加 1km
名称		单位	消耗量			
材料	水	m^3	12.000	—	12.000	—
机械	自卸汽车 8t	台班	15.882	2.780	—	—
	自卸汽车 10t	台班	—	—	13.637	2.280
	洒水车 4 000L	台班	0.479	—	0.479	—

工作内容:运碴、卸碴、空回,场内行驶道路洒水养护。 **计量单位:**1 000m³

编号			1-2-61	1-2-62	1-2-63	1-2-64
项目			自卸汽车(载重 12t 以内)		自卸汽车(载重 15t 以内)	
			运距			
			1km 以内	30km 以内每增加 1km	1km 以内	30km 以内每增加 1km
名称		单位	消耗量			
材料	水	m^3	12.000	—	12.000	—
机械	自卸汽车 12t	台班	11.448	1.920	—	—
	自卸汽车 15t	台班	—	—	10.259	1.480
	洒水车 4 000L	台班	0.479	—	0.479	—

第三章　盖挖土石方工程

说　　明

一、本章包括盖挖人工挖土、机械挖土、人工开挖石方、液压岩石破碎锤破碎岩石等项目。

二、本章适用于盖挖法封闭顶盖的下部土石方工程。

三、本章已综合开挖、洞内水平运输及垂直运输至地面工作内容；洞外运输执行第一、第二章相应项目。

四、土方、岩石分类参照第一、第二章相应分类表。

五、人工挖密实的钢碴或碎石、砾石含量在 50% 以上的密实性土壤，按挖四类土，人工乘以系数 2.50、机械乘以系数 1.50；挖碎石、砾石含量在 30% 以上的密实性土壤按挖四类土人工、机械乘以系数 1.43。

工程量计算规则

一、盖挖土石方按设计结构外围断面面积乘以设计长度以体积计算，其设计结构外围断面面积为结构衬墙外侧之间的宽度乘以设计顶板底至底板（或垫层）底的高度。

二、机械挖土、液压岩石破碎锤破碎石方项目已综合考虑人工辅助开挖（包括切边、修整底边和修整沟槽底坡度）的工程量。

三、体积换算系数参照第一、第二章相应体积换算表。

一、人工开挖土方

工作内容：人工挖土方装运到洞口，由洞口提升至地面及地面人工配合。　　**计量单位：**$100m^3$

编　号			1-3-1	1-3-2	1-3-3	1-3-4
项　目			人工开挖土方			
			一、二类土	三类土	四类土	淤泥、流砂
名　称		单位	消　耗　量			
人工	合计工日	工日	43.994	58.978	77.140	118.210
	普工	工日	43.994	58.978	77.140	118.210
材料	型钢（综合）	kg	33.000	33.000	33.000	66.000
机械	电动双筒慢速卷扬机 50kN	台班	2.000	2.000	2.000	4.000

二、机械开挖土方

工作内容：挖土、将土堆放在一边或装车，运到洞口，由洞口提升至地面及地面人工配合。　　**计量单位：**$1\ 000m^3$

编　号			1-3-5	1-3-6	1-3-7	1-3-8
项　目			机械开挖土方			
			一、二类土	三类土	四类土	淤泥、流砂
名　称		单位	消　耗　量			
人工	合计工日	工日	21.595	29.087	38.168	59.638
	普工	工日	21.595	29.087	38.168	59.638
材料	型钢（综合）	kg	33.000	33.000	33.000	66.000
机械	履带式单斗液压挖掘机 $1m^3$	台班	2.038	2.427	2.766	5.388
	轮胎式装载机 $1m^3$	台班	7.676	7.676	7.676	14.954
	电动双筒慢速卷扬机 50kN	台班	2.000	2.000	2.000	4.000

三、人工开挖石方

工作内容：人工凿石，装运到洞口，由洞口提升至地面及地面人工配合。　　**计量单位：**$100m^3$

编号			1-3-9	1-3-10	1-3-11
项目			人工开挖石方		
			极软岩	软岩	较软岩
名称		单位	消耗量		
人工	合计工日	工日	95.399	112.891	134.093
	普工	工日	95.399	112.891	134.093
材料	型钢（综合）	kg	46.000	46.000	46.000
机械	电动双筒慢速卷扬机 50kN	台班	3.000	3.000	3.000

四、液压岩石破碎锤破碎岩石

工作内容：机械挖石方装运至洞口，由洞口提升至地面及地面人工配合。　　**计量单位：**$1\ 000m^3$

编号			1-3-12	1-3-13	1-3-14	1-3-15	1-3-16
项目			液压锤破碎岩石				
			极软岩	软岩	较软岩	较硬岩	坚硬岩
名称		单位	消耗量				
人工	合计工日	工日	28.560	33.900	46.500	62.040	84.240
	普工	工日	28.560	33.900	46.500	62.040	84.240
材料	型钢（综合）	kg	46.000	46.000	46.000	46.000	46.000
机械	履带式单斗液压挖掘机 $1m^3$	台班	22.320	28.560	43.440	61.680	87.840
	液压锤 HM960	台班	22.320	28.560	43.440	61.680	87.840
	轮胎式装载机 $1m^3$	台班	14.032	14.032	14.032	14.032	14.032
	电动双筒慢速卷扬机 50kN	台班	3.000	3.000	3.000	3.000	3.000

主编单位： 湖北省建设工程标准定额管理总站

专业主编单位： 贵州省建设工程造价管理总站

参编单位： 贵州省建筑设计研究院有限责任公司

上海浦东建筑设计研究院有限公司贵州分公司

计价依据编制审查委员会综合协商组： 胡传海　王海宏　吴佐民　王中和　董士波

冯志祥　褚得成　刘中强　龚桂林　薛长立

杨廷珍　汪亚峰　蒋玉翠　汪一江

计价依据编制审查委员会专业咨询组： 杨廷珍　汪一江　潘卓强　杜浐阳　庞宗琨

王　梅　高雄映

编制人员： 袁　欣　李利峰　涂志强　曾奕辉　于红健　罗彭欣　龚　宪　邹　旭

马　媛　何崇宇　王　敏　王豫婉　徐梦熊　王书鹏

审查专家： 龚桂林　汪亚峰　王兆健　孙　璐　徐佩莹　熊淑芳　徐作民

软件支持单位： 成都鹏业软件股份有限公司

软件操作人员： 杜　彬　赖勇军　可　伟　孟　涛